DEUTSCHE AKADEMIE DER WISSENSCHAFTEN ZU BERLIN

VORTRÄGE UND SCHRIFTEN

HEFT 44

ERKENNTNISSE BEI DER PFLANZENDÜNGUNG

Ein Festvortrag
zur Feier des 250jährigen Bestehens
der Deutschen Akademie der Wissenschaften
zu Berlin

von

Eilh. Alfred Mitscherlich

1952

AKADEMIE-VERLAG BERLIN

Erschienen im Akademie-Verlag GmbH., Berlin NW 7, Schiffbauerdamm 19
Veröffentlicht unter der Lizenznummer 1218
des Amtes für Literatur und Verlagswesen der Deutschen Demokratischen Republik
Gedruckt in der Buchdruckerei Oswald Schmidt GmbH., Leipzig III/18/65
Bestell- und Verlagsnummer 2003/44
Preis DM 1,80
Printed in Germany

ERKENNTNISSE BEI DER PFLANZENDÜNGUNG

Hohe Festversammlung!

Wenn ich heute als Vertreter einer der – wie man sagt – „jüngsten" Wissenschaften zur Feier unserer altehrwürdigen Akademie den Festvortrag übernehmen soll, so wohl nur darum, weil kaum eine andere Wissenschaft heutigen Tages so volksverbunden ist wie gerade unsere Landwirtschaftswissenschaft. – Wir haben alle im In- und Auslande danach zu trachten, auf unserem Boden möglichst hohe Erträge zu erzielen, um der stetig anwachsenden Bevölkerung entsprechende Nahrungsmittelmengen zu schaffen. Deshalb muß, insonderheit bei uns in Deutschland, wo eine weitere Vergrößerung der Anbauflächen wirtschaftlich kaum möglich ist, vornehmlich unsere Wissenschaft dazu beitragen, dieses Problem zu lösen.

Daß unsere Landwirtschaft noch eine junge Wissenschaft ist, wird auch dadurch bekundet, daß sie erst in den letzten Jahren die Gleichberechtigung mit den anderen Wissenschaften durch ihren Einzug in unsere Akademie fand. Man muß dabei anläßlich unserer Jubiläumsfeier besonders des Mitgliedes unserer Akademie gedenken, das vor nunmehr 150 Jahren den Grundstein für unsere ganze Landbauwissenschaft gelegt hat, des ursprünglichen Arztes, späteren Professors der Kameralwissenschaft, Albrecht Thaer.

Da die praktische Landwirtschaft schon damals auf eine jahrhundertealte Erfahrung zurückblickte, lag es für Thaer, der einen naturwissenschaftlich wie wirtschaftswissenschaftlich ganz besonders großen Weitblick besaß, nahe, diese praktischen Erfahrungen wissenschaftlich auszuwerten, wofür damals insbesondere die weit vorgeschrittene englische Landwirtschaft den Ausgangspunkt bildete. Dabei ist es verständlich, wenn diese Forschung zunächst deduktiv vorging, indem sie die Erfahrungen, die man auf den verschiedensten Gebieten der Landwirtschaft gemacht hatte, gruppenweise sonderte und zusammentrug, um dann hieraus neue Schlüsse für die weitere praktische Tätigkeit abzuleiten. So entstand damals das klassische Werk Albrecht Thaers „Grundsätze der rationellen Landwirtschaft". Damit wurde der einstige Arzt zum eigentlichen Begründer unserer Landwirtschaftswissenschaft, wenn er auch in unserer Akademie die Kameralwissenschaft vertrat.

Thaer selbst hatte auf seinem Gute Möglin bereits eine Reihe von Schülern herangebildet und die ersten landwirtschaftlichen Akademien ins Leben gerufen, auf denen die Landwirte in ihrem Fache geschult wurden; doch dauerte es noch mehrere Jahrzehnte, ehe unsere Landwirtschaft als Lehrfach und als Wissenschaft von diesen Akademien bis zu den Landwirtschaftlichen Hochschulen und zu den verschiedenen Universitäten vordrang. Am meisten mag wohl hierzu vor 60 und mehr Jahren der Hallenser Professor Julius Kühn beigetragen haben, der jedoch von seinen Schülern noch verlangte, daß sie das ganze, bereits nach den verschiedensten Richtungen spezialisierte Gebiet dieser Wissenschaft beherrschten. – Auch ich selbst habe mich vor jetzt bald 50 Jahren noch für das gesamte Gebiet der Landwirtschaft, inklusive Agrikulturchemie, habilitiert, da dieses damals in Kiel noch von einem einzigen Professor vertreten wurde. Natürlich war ich mir schon damals voll bewußt, daß ich nicht einen einzigen Zweig dieser bereits umfangreichen Wissenschaft auch nur einigermaßen beherrschte, aber als junger Dozent wollte man doch die Freiheit haben, sich dann endgültig für das Spezialgebiet in Lehre und Forschung zu entscheiden, welches einem am meisten lag, d. h. am meisten Freude bereitete, und so habilitierte ich mich für alle Möglichkeiten, für alle Wissenszweige unserer damaligen Landwirtschaft.

Zunächst hatte sich die Agrikulturchemie als neuer Zweig der Landwirtschaftswissenschaft entwickelt. Wohl 25 Jahre nach Thaer war es wieder ein Gelehrter einer anderen Disziplin, der hier bahnbrechend wirkte: der Apotheker und spätere Chemiker Justus v. Liebig.

Dieser fing an, induktiv zu arbeiten und sich dabei mit den einzelnen Individuen, mit den Pflanzen, zu beschäftigen, da er festgestellt hatte, daß unsere Pflanzen, wenn sie Erträge bringen sollen, ganz bestimmte chemische Elemente im Boden vorfinden müssen. Er stellte dann das „Gesetz vom Minimum" auf, welches besagt, daß die Höhe des Pflanzenertrages von demjenigen Nährstoff bedingt wird, der – unter den für die Ertragsbildung unbedingt erforderlichen Stoffen – in der verhältnismäßig geringsten Menge vorhanden ist. Dieses Gesetz beherrschte lange Zeit hindurch das ganze landwirtschaftliche Denken und damit unsere ganze Wissenschaft. Man suchte dann, wohl um diesen „Minimumfaktor" zu finden, die verschiedenen Wachstumsfaktoren zu ermitteln, und Paul Wagner kam weiter zu der Erkenntnis, daß der Pflanzenertrag, der ja von diesem Minimumfaktor abhängig sein sollte, proportional mit der Gabe dieses Faktors zunimmt, „solange dieser noch zur vollen Wirkung gelangte". – Kam er dann nicht mehr zur vollen Wirkung, dann mußte also noch irgendein anderer Faktor ins Minimum geraten, also auch zum „Minimumfaktor" geworden sein. – Mit dieser Vorstellung begnügte man sich zunächst. Immerhin war damit die Grundlage für unsere gesamte „künstliche Düngung" und die Düngemittelindustrien geschaffen. – Da man nun aber beobachtet hatte, daß nicht ein jeder Boden auf eine derartige Düngung mit einer Ertragssteigerung reagierte, fing man, um die kostbaren Düngemittel nicht vergebens auszustreuen, an, den Boden chemisch auf seinen Nährstoffgehalt hin zu untersuchen. – So wurde die „chemische Bodenanalyse" jahrzehntelang das Hauptproblem der Agrikulturchemie und ist es zum Teil auch noch bis zum heutigen Tage geblieben.

Zahlreiche Forscher des In- und Auslandes haben sich in den letzten Jahrzehnten mit dem Problem beschäftigt und immer wieder andere Methoden ausgearbeitet, um es einer Lösung näherzubringen; ich möchte von ihnen wenigstens einige der mir nahestehenden Kollegen namhaft machen, mit denen ich zusammen arbeiten durfte:

Volk u. E. Truog, Medison (Wisconsin, USA); K. Bondorff, Kopenhagen (Dänemark); Dirks u. Scheffer, Dreyspring u. Heinz, König u. Hasenbäumer, Lemmermann u. Fresenius, Neubauer, Niklas, Vageler u. Alten (Deutschland); Aarnio, Kivinen und Salonen, Helsingfors (Finnland); Burgevin, Demolon, Versailles (Frankreich); Puri, Lahore (Indien); Hissink, de Vries, Groningen (Niederlande); Herzner, Sekera, Kawe (Österreich); Judwiga Zemiecka, Pulawy (Polen); Teodor Saidel, Bukarest (Rumänien); Kirssanoff, Moskau (UdSSR); Arrhenius, Matson, Egnér, Stockholm (Schweden); Stöckli, Zürich (Schweiz); Trnka, Suçek und Smolik, Prag (Tschechoslowakei); v. 'Sigmond, Kühn, Budapest (Ungarn).

Nur wenige Forscher haben diese Aufgabe von der pflanzenphysiologischen Seite aus angefaßt und hier bereits einige schöne Teilerfolge erzielen können, so

Harald R. Christensen, Kopenhagen (Dänemark), Theodor Pfeiffer (Deutschland); A. B. Stewart, Aberdeen (Großbritannien); Scurti u. Haussmann, Turin (Italien); Jonescu Şişeşti, Bukarest (Rumänien); Prjanischnikow, Moskau (UdSSR); Olle Franck, Stockholm (Schweden); Torstensson, Upsala (Schweden).

Das Problem der „chemischen Bodenanalyse" ist darum so außerordentlich schwer zu lösen, weil man einerseits den Lösungsprozeß, den die Pflanze mit ihren Nährstoffen im Boden vollzieht, im Laboratorium nicht in gleicher Weise nachzumachen vermag, und andrerseits auch darum, weil die Ertragssteigerung, die man mit einer bestimmten Düngermenge erzielt und die man dann zum Vergleich heranziehen muß, keineswegs, wie wir sehen werden, allein auf diese Düngermenge zurückzuführen ist. – Immerhin, soviel ist richtig, daß, wenn nach irgendeiner dieser vielen Methoden nur ganz außerordentlich geringe Mengen von dem betreffenden Nährstoffe in einem Boden gefunden werden, dieser Boden bestimmt düngerbedürftig ist; werden dagegen andererseits größere Mengen davon festgestellt, so kann man noch keineswegs sagen, daß der betreffende Boden diese Düngung nicht benötigt; denn dieser Nährstoff kann derart fest im Boden gebunden sein, daß ihn die Pflanze nicht mehr aufzunehmen und auszunutzen vermag. So kann selbst ein auf Grund der Analyse sehr reicher Boden noch für eine Düngung dankbar sein. – Da sich hier nun hinsichtlich der mehr oder weniger festen Bindung der Nährstoffe alle Böden verschieden verhalten, ist eine bestimmte Grenze für die Bestimmung der Düngerbedürftigkeit für alle Böden nicht zu ziehen, und man wird erst recht nie in der Lage sein, auf Grund einer derartigen chemischen Bodenanalyse dem praktischen Landwirte zu raten, wie hohe Gaben von einem Düngemittel er zweckmäßig verabfolgen sollte.

Hier hat nun das „Wirkungsgesetz der Wachstumsfaktoren" Wandel geschaffen, welches uns im Gegensatz zum Liebig'schen Gesetze vom Minimum besagt, daß die Höhe des Pflanzenertrages gleichzeitig von sämtlichen Wachstumsfaktoren bedingt wird. – Das erscheint zunächst wie eine Verallgemeinerung des Liebig'schen Gesetzes, gestaltet sich aber zu etwas ganz Neuem; denn nun wird nicht mehr nach dem sogenannten Minimumfaktor Liebigs gesucht, da wir jetzt wissen, daß ein jeder Wachstumsfaktor, den wir besser zu gestalten vermögen, damit auch eine Ertragssteigerung herbeiführen muß.

Mit der Erkenntnis dieses Gesetzes nähert sich unsere Landwirtschaftswissenschaft bei ihrer nunmehr einsetzenden induktiven Forschung den exakten Naturwissenschaften, der Physik und der Chemie, und erweist damit auch ihre Berechtigung, als gleichwertig nicht nur in unserer Akademie aufgenommen zu werden, sondern auch hier gemeinsam mit den anderen Wissenschaften zu arbeiten.

Doch in Einem unterscheidet sich unsere Forschung grundlegend von der der Physik und Chemie: Wir Landwirte müssen mit Organismen arbeiten und organische Substanzen produzieren. Während diese anderen Wissenschaften sich mehr mit der Materie, mit Nichtlebewesen, befassen, ist unser Forschungsobjekt die Pflanze und das Tier, ja, wenn Sie wollen, auch der Mensch; denn der gesetzmäßige Ablauf der Entwicklung im Aufbau folgt bei allen Organismen trotz verschiedener Größe und verschieden langer Lebenszeit den gleichen Gesetzen.

Mit einem derselben wollen wir uns nun zunächst beschäftigen, und es sei mir dabei gestattet, die Pflanze als „Versuchsobjekt" zu benutzen und damit auf mein spezielles Arbeitsgebiet einzugehen.

Wir sahen zuvor, daß nach dem Wirkungsgesetze der Wachstumsfaktoren der Pflanzenertrag gleichzeitig von sämtlichen Wachstumsfaktoren abhängig ist; d. h., eine Größe ist gleichzeitig die Funktion von einer großen Anzahl anderer Größen oder Variablen. Für derartige Fälle lehrt uns die Physik, daß man nur dann die Abhängigkeit unserer Größe von einer einzigen dieser Variablen feststellen kann, wenn man bei diesem Versuche sämtliche anderen Variablen konstant setzt, also gleich zu halten vermag. – Denn würde sich auch gleichzeitig noch eine zweite dieser Variablen verändern, so könnte man ja schon nicht mehr feststellen, wieviel der Veränderung unserer Forschungsgröße auf die eine, und wieviel auf die zweite dieser beiden Variablen zurückzuführen ist, ja, man könnte nicht einmal aussagen, ob denn die Veränderung der einen von beiden überhaupt noch einen Einfluß auf unsere Größe ausgeübt hat. – Wir sollten dazu zunächst also einmal alle diese Variablen, die wir mit dem Worte „Wachstumsfaktoren" bezeichnen, kennen.

Schon Liebig hatte eine ganze Reihe von chemischen Elementen aufgezeigt, die er für die Bildung der Pflanzensubstanz für erforderlich hielt. Nach ihm haben besonders Ewald Wollny und Adolf Mayer diese Untersuchungen fortgesetzt und außer den chemischen noch eine ganze Reihe physikalischer Faktoren namhaft gemacht. – Heute unterscheiden wir zunächst die inneren und die äußeren Wachstumsfaktoren der Pflanze.

Die inneren sind durch den Habitus der Pflanze, durch die Pflanzenart und Gattung wie durch die betreffende Züchtung charakterisiert. Sie bedingen, daß der Roggen nicht zum Baum wird, und daß die Bäume nicht ins Unendliche, nicht „in den Himmel wachsen". Damit wird durch diese Wachstumsfaktoren der Ertragssteigerung bereits eine endliche Grenze gezogen. Trotzdem können wir auch durch die Verbesserung dieser inneren Wachstumsfaktoren der Pflanze unsere Erträge noch ganz wesentlich steigern, und zwar durch die Pflanzenzüchtung, die hier in den letzten Jahrzehnten schon ganz Hervorragendes geleistet hat.

Diese gleichfalls noch im Aufbau befindliche Wissenschaft ist jetzt dabei, die einzelnen Wachstumsfaktoren zu erforschen, und ist damit weit über die mehr praktische Auslesezüchtung hinweggegangen, indem sie hier ganz neue Wege wies.

Unsere Akademie der Wissenschaften ist dem bereits dadurch gerecht geworden, daß sie Forscher, welche sich die Genetik und die Pflanzenzüchtung zur Aufgabe gestellt haben, in ihre Reihen aufnahm.

Alle anderen Wachstumsfaktoren bezeichnen wir deshalb als „äußere Wachstumsfaktoren", weil sie von außen an die Pflanze herantreten. Wir unterscheiden bei ihnen zunächst physikalische und chemische Wachstumsfaktoren, von denen die letzteren von den Pflanzen aufgenommen und damit gewissermaßen zum Bestandteil der Pflanze werden, während die physikalischen der Pflanze die Aufnahme der chemischen Wachstumsfaktoren erst ermöglichen. Bei diesen beiden Gruppen unterscheiden wir ferner sowohl „bodenkundliche" als auch „klimatische Wachstumsfaktoren", je nachdem, ob sie an die Pflanzenwurzel oder an den oberirdischen Teil unserer Pflanzen herantreten. Zu den chemischen Wachstumsfaktoren gehören alle Pflanzennährstoffe, wie z. B. die Kohlensäure und der Sauerstoff der Luft, die unseren Pflanzen meist in ausreichenden Mengen zur Verfügung stehen; es gehören aber ebenso auch die Pflanzennährstoffe im Boden dazu, so die, welche man heute bereits als „Mineraldüngung" verabfolgt, weil die Pflanzen von diesen größere Mengen nötig haben, die oft in dem betreffenden Boden noch fehlen; dann aber u. a. auch solche, welche die Pflanzen nur in ganz geringen

Mengen zur Ertragsbildung benötigen und die man darum als „Spurenelemente", als „Reiz-" oder als „Stimulationsstoffe" bezeichnet. Diese sind meist noch in jedem Boden in ausreichenden Mengen vorhanden, auch werden sie ihm teilweise als „Verunreinigungen unserer Düngemittel" zugeführt; trotzdem hat man aber in dem einen oder anderen Boden bereits ihre Wirkung kennengelernt. – Zu den physikalischen Wachstumsfaktoren gehört in erster Linie das Wasser, dann aber auch energetische Wachstumsfaktoren, wie Wärme, Licht und wohl auch Elektrizität. Eine ganze Reihe weiterer Wachstumsfaktoren wird uns dabei bis heute noch unbekannt sein; trotzdem müssen wir sie alle bei unserem Experimente völlig gleich halten, wollen wir untersuchen, wie der Ertrag mit der Steigerung eines einzigen Wachstumsfaktors zunimmt.

Wie ist nun diese Voraussetzung für unser Experiment zu erfüllen? – Das ist weit schwieriger als bei einem physikalischen Experiment oder bei einer chemischen Analyse; denn es ist uns pflanzenphysiologisch wegen einer großen Reihe von Wachstumsfaktoren, die durch die jeweilige Witterung gegeben werden, unmöglich, derartige Versuche zeitlich nacheinander anzusetzen oder sie gar beliebig oft zu wiederholen, wie man das bei jedem physikalischen Experimente, bei jeder chemischen Analyse vermag. – Nur dann werden wir alle anderen Wachstumsfaktoren, alle anderen Variablen gleichhalten können, wenn wir derartige Versuche am gleichen Tage einsäen und am gleichen Tage abernten und wenn wir sie während der ganzen langen Vegetationszeit so nebeneinander aufstellen, daß sie vom Klima gleiche Licht-, Wärme- und Wassermengen erhalten. Man kann auch Fehler, die hier entstehen, in keiner Weise verbessern. Hat man z. B. bei einer größeren Reihe zu vergleichender Versuche versehentlich ein Versuchsgefäß nicht eingesät, was man nach dem Verlauf von acht Tagen beim Aufgehen der Saat feststellen wird, dann ist es zwecklos, diesen Versuch noch nachträglich einzusäen; das Ergebnis ist doch mit dem der acht Tage zuvor eingesäten Versuche nicht mehr vergleichbar. Will man hier auf alle Fälle vorsichtig sein, so wird man gleichzeitig mit den anderen Versuchen Reservepflanzen aussäen und diese dann in das betreffende Gefäß nachpflanzen, sobald man diesen Fehler erkennt. – Da wir nun derartige zu vergleichende Versuche nur zur gleichen Zeit und eng nebeneinander anzustellen vermögen, so ist damit auch gegeben, daß man die Anzahl der zu vergleichenden Versuche nicht beliebig groß zu gestalten vermag, daß also auch die Anzahl der ganz gleich angestellten Versuche, aus denen man den Versuchsfehler ermittelt, nur äußerst gering sein kann. Meist begnügt man sich schon mit je vier derartigen „Parallelversuchen".

Und nun kommt das Schwierigste: Da wir vergleichbare Versuche nur direkt nebeneinander anzustellen vermögen, können wir sie wohl überhaupt nicht wiederholen; denn in späterer Zeit oder in anderen Jahren sind ja bereits die klimatischen Wachstumsfaktoren wieder ganz andere, und damit müssen wir ja zu einem ganz anderen Ergebnisse gelangen. – Daraus ersieht man wieder, daß man die Versuchsergebnisse eines Jahres gar nicht so auf ein anderes Jahr zu übertragen vermag, was man unbedingt tun müßte, um unserer Landwirtschaft in der Ertragssteigerung zu helfen. – So könnte man mit vollem Rechte fragen, ob denn überhaupt eine derartige Versuchsanstellung irgendwelchen praktischen Wert besitzt. – Wir werden später sehen, daß wir diese Frage in ganz anderer Weise beantworten und bejahen können, und nun fürs erste annehmen, daß es uns gelungen ist, eine Reihe derartiger Versuche, sei es in Gefäßen oder im freien Lande, so nebeneinander durchzuführen, daß alle anderen Wachstumsfaktoren konstant waren, und nur der eine verändert wurde, dessen Wirkung auf die Höhe unseres Ertrages studiert werden sollte.

Einem jeden derartigen Experimente geht gewöhnlich eine Überlegung voraus: Man beschäftigt sich zunächst mit den Extremen, um festzustellen, innerhalb welcher Grenzen sich unsere Ertragssteigerungen bewegen müssen. – Ist zunächst von unserem Wachstumsfaktor noch nichts vorhanden, dann muß der Ertrag selbst gleich null sein. Sonst wäre unsere Variable ja kein

Wachstumsfaktor. Geben wir von diesem Wachstumsfaktor immer größere Mengen, so muß damit der Ertrag steigen; doch muß diese Ertragssteigerung, wie wir das ja schon bei den inneren Wachstumsfaktoren erkannten, eine endliche Grenze haben, über welche sie nicht hinausgehen kann. Wir erzielen also damit schließlich einen endlichen „Höchstertrag". Hat die Ertragssteigerung aber eine endliche Grenze, dann kann sie auch wiederum nicht mit der Zuführung unseres Wachstumsfaktors proportional verlaufen, wie man das zunächst nach dem Minimumgesetze annahm, sondern sie muß zwischen diesen beiden Grenzwerten pendeln und sich dabei allmählich immer mehr dem endlichen Grenzwerte, dem Höchstertrage, nähern.

Derartige Erscheinungen treten in der Physik und in der Chemie häufiger auf, wir brauchen z. B. nur an die Lösungserscheinungen bei den Salzen zu denken. – Wie hier beim Wirkungsgesetze der Wachstumsfaktoren, konnte man dort die einfachste Annahme dem gesetzmäßigen Verlauf zugrunde legen, nämlich die, daß der Ertrag proportional dem an dem betreffenden Höchstwerte fehlenden Werte steigt. – Ein Fall der Proportionalität, und zwar der einfachste Fall, ist bekanntlich die Gleichheit. An dem Beispiele der Gleichheit wollen wir darum hier einmal das Gesetz näher verfolgen:

Erzielt man mit einer bestimmten Menge eines Wachstumsfaktors – Baule nennt diese Menge bei den Nährstoffen die „Nährstoffeinheit" – gerade 50% des Höchstertrages, während die weiteren 50% an diesem Höchstertrage noch fehlen, so wird der Ertrag durch die Zugabe der zweiten Nährstoffeinheit um 25% des Höchstertrages gesteigert, während nun noch die weiteren 25% an diesem Höchstertrage fehlen; gibt man eine dritte Nährstoffeinheit hinzu, so steigt der Ertrag jetzt nur noch um 12,5%, während die weiteren 12,5% an dem Höchstertrage noch fehlen, usf. – Aus diesem Kurvenverlauf ersieht man zunächst, daß die Ertragssteigerung, die man durch eine bestimmte Düngergabe erhält, um so größer sein muß, je weniger von dem betreffenden Nährstoffe zunächst der Pflanze zur Verfügung steht, und daß es darum für die landwirtschaftliche Praxis wesentlich ist, den Nährstoffgehalt des Bodens zu kennen. Wie man ihn ermittelt, werden wir später sehen; hier sei zunächst nur darauf hingewiesen, daß man auch umgekehrt aus der Höhe der Ertragssteigerung, die man mit einer bestimmten Nährstoffgabe erhält, ebenso auch auf diejenige Nährstoffmenge zurückzuschließen vermag, welche der Boden zuvor enthielt.

Diejenigen Mengen eines Wachstumsfaktors, mit denen man gerade die Hälfte des Höchstertrages erntet, sind für jeden Wachstumsfaktor verschieden, sie sind aber – und das ist wesentlich – für ein und denselben Wachstumsfaktor konstant und völlig unabhängig von der Pflanzenart, von den jeweiligen Boden- und Klimaverhältnissen während der Vegetationszeit, also von allen anderen Wachstumsfaktoren. Allein durch diese Tatsache ist es uns gegeben, Ergebnisse dieser Versuche, die man in einem Jahre erzielte, auf das nächste Jahr in bestimmter Weise zu übertragen und sie so unserer Praxis nutzbar zu machen. Nehmen wir zunächst an, daß in beiden Jahren soviel von dem betreffenden Nährstoffe im Boden ist, daß man ohne jede Düngung die Hälfte des Höchstertrages erntet, also 1 Nährstoffeinheit. Unter allen Umständen muß man auch im nächsten Jahre durch die Düngung einer weiteren Nährstoffeinheit den Ertrag von 50% auf 75% des dann eintretenden Höchstertrages steigern können, also den jeweiligen Ertrag um 50%. Damit wissen wir allerdings nicht, wie groß unsere Ertragssteigerung in absoluten Werten ist; denn das hängt von der Höhe des jeweiligen Ertrages bzw. auch in gleicher Weise von der absoluten Höhe des Höchstertrages ab, und dieser wieder wird in seiner absoluten Höhe in dz/ha bedingt durch alle anderen Wachstumsfaktoren, die wir bei unserem Versuch in ganz bestimmter Weise konstant hielten; denn steigert man z. B. auch nur einen von ihnen in gleicher Weise, so steigt nach dem gleichen Gesetze der betreffende Höchstertrag mit ihm, ebenso bei Steigerung eines jeden der anderen Wachstumsfaktoren. Wie sich diese nun im folgenden Jahre gestalten werden, ob z. B. der Regen zur richtigen Zeit und in den erforderlichen Mengen die Pflanzen mit Wasser versorgt, oder ob unsere Pflanzen Trockenperioden durchmachen müssen, das können wir nicht im voraus wissen, und so können wir auch über den dadurch bedingten Höchstertrag nichts Quantitatives aussagen; er wird höher bei günstigerer Jahreswitterung, er wird höher, je günstiger sich sämtliche anderen Wachstumsfaktoren gestalten. Will der Bauer trotz alledem noch gewisse Anhaltspunkte über die absolute Höhe der zu erwartenden Ertragssteigerung haben, die er mit einer bestimmten Düngung erhalten dürfte, so muß er die Ertragssteigerung, z. B. eine solche von 50% des jeweiligen Ertrages, auf den Durchschnittsertrag beziehen, den er in den vergangenen Jahren auf dem gleichen Felde in dz/ha erzielte.

Alle diese Berechnungen schwebten in der Luft, wenn die Mengen an Nährstoffen, die zu einer Nährstoffeinheit gehören, nicht stets die gleichen wären, was durch Zehntausende von Feldversuchen und ebensoviel Gefäßversuche erwiesen sein dürfte. So gehören z. B. zu einer Nährstoffeineit

Phosphorsäure	50 kg/ha
Kali	75 kg/ha
Stickstoff	150 kg/ha und z. B. beim
Regen	100 mm Regenhöhe.

Aus diesen Mengen kann man aber auch ferner feststellen, wie groß der Nährstoffgehalt eines Bodens sein muß, um z. B. 95% des betreffenden Höchstertrages, d. i. innerhalb unserer Versuchsfehler, den Höchstertrag selbst zu ernten; dazu sind die 4,4fachen Mengen erforderlich, die zu einer Nährstoffeinheit gehören, also z. B. 220 kg/ha Phosphorsäure bzw. 330 kg/ha Kali. So große Mengen müßten also zunächst in jedem Boden enthalten sein; ist das nicht der Fall, so muß das, was daran fehlt, als Mineraldünger verabfolgt werden. – Wie ermitteln wir aber, was einem Boden noch fehlt, da die chemische Bodenanalyse, wie wir sahen, dieses Problem bis heute nicht irgendwie quantitativ zu lösen vermochte? – Aus unserer Gesetzmäßigkeit ersahen wir, daß die Ertragssteigerungen, die man mit ein und derselben Nährstoffmenge erzielt, um so geringer werden müssen, je größere Mengen von dem betreffenden Nährstoffe bereits in dem Boden sind. Man kann so umgekehrt aus einer Ertragssteigerung, die man mit einer bestimmten Nährstoffmenge bei einem einfachen Düngungsversuche erzielt, feststellen, wie große Mengen an dem betreffenden Nährstoffe bereits zuvor in dem Boden vorhanden waren, und dann hieraus wiederum berechnen, wie groß dann die Ertragssteigerung sein wird, die man durch irgendeine beliebig große Nährstoffmenge erzielen muß. Will man so 95 % des zu erzielenden Höchstertrages ernten, dann muß man das, was dazu noch nicht in dem Boden vorhanden ist, als Dünger zuführen. Beträgt der Phosphorsäuregehalt des Bodens z. B. nach dem Düngungsversuche 180 kg/ha, so würden, da zum Ertrage von 95 % des Höchstertrages 220 kg/ha erforderlich sind, noch 40 kg/ha zu düngen sein. Auf Grund des einfachen Düngungsversuches wissen wir jetzt, was wir zu düngen haben; wir wissen aber noch nicht, welche Ertragssteigerung in dz/ha wir durch diese Düngung erzielen werden, da die Ertragssteigerung in dz/ha ja auch von allen anderen Wachstumsfaktoren gleichzeitig mit bedingt wird.

Nun liegen heute aber die Verhältnisse bei uns so, daß wir im Lande nicht über ausreichende Phosphorsäuremengen verfügen, um überall 95 % des Höchstertrages nach der erforderlichen Düngung ernten zu können. Die vorhandene Phosphorsäure muß darum jetzt dort ausgestreut werden, wo wir die höchsten Ertragssteigerungen in dz/ha zu erwarten haben. Das scheinen wiederum unlösbare Aufgaben zu sein. Es ist uns also die Aufgabe gestellt, herauszufinden, welche Felder, Wiesen und Weiden im Lande zuallererst je 2 dz/ha Superphosphat oder Thomasdünger erhalten sollen, um die in diesen vorhandenen Phosphorsäuremengen möglichst gut zur Ertragssteigerung zu verwenden. Zunächst, wird man sagen, natürlich diejenigen, die nach dem Düngungsversuche daran den größten Mangel haben, deren Boden also ganz besonders phosphorsäurearm ist. – Das ist aber doch nur teilweise richtig. Wenn das z. B. ein leichter Sandboden ist, der in einem trockenen Klima liegt, dann werden ja dort die mit Phosphorsäure erzielbaren Höchsterträge nur sehr niedrige sein; wenn dann auch die prozentuale Ertragssteigerung besonders hoch ist, so muß dadurch die absolute Ertragssteigerung eine nur geringe werden, oft jedenfalls viel geringer als auf einem fruchtbareren Boden, der bereits größere Phosphorsäuremengen enthält und die gleiche Düngung bekommt. Unser Ertrag, und damit auch unsere Ertragssteigerung, hängt ja nicht nur ab von einem einzigen Wachstumsfaktor, dem Minimumfaktor Liebigs, sondern gleichzeitig auch von allen anderen Wachstumsfaktoren, die wir bei unserem Experiment konstant hielten, welche ihrerseits den Höchstertrag bedingen, den wir mit unserem variablen Faktor endlich erzielen mußten. Mit einem jeden einzelnen dieser anderen Wachstumsfaktoren, die wir besser zu gestalten vermögen oder die sich besser gestalten, steigt ja ganz in der gleichen Weise, wie wir das zuvor bei unserer Ertragssteigerung kennenlernten, der Höchstertrag selbst, und damit auch der absolute Ertrag in dz/ha, den man mit einer bestimmten Gabe unserer Phosphorsäure erzielen muß. Die jeweilige absolute Ertragssteigerung wird also durch sämtliche Wachstumsfaktoren bedingt. Sie wird also um so höher sein, je ertragsreicher z. B. die Kulturpflanze ist, die wir anbauen, je besser die Sorte und je ertragreicher ihre Züchtung ist; sie wird um so höher sein, je besser der betreffende Boden in Kultur steht, je sorgfältiger seine Humusversorgung gehandhabt wurde, je ausreichender für den Gehalt an den anderen Nährstoffen gesorgt wurde; dann, je günstiger die Bodenreaktion ist, je besser seine Gare erhalten bleibt, kurz auch, je besser und sorgfältiger er bearbeitet und je unkrautreiner dabei das Feld gehalten wird. Andererseits wird er aber um so ertragreicher sein, je günstiger das Klima ist, in dem er liegt, und je besser sich die jeweilige Jahreswitterung anläßt, und wenn man womöglich eintretende Trockenheitsperioden durch künstliche Beregnung zu verhindern vermag. – Alles das müßte man also von vornherein mit berücksichtigen, will man die vorhandenen Phosphorsäuremengen gerade dort ausstreuen, wo man die höchsten Ertragssteigerungen bekommen muß. – Das uns hier gestellte Problem scheint trotz all unserer neuen Erkenntnisse unüberwindbar zu sein, zumal da ja auch viele dieser Wachstumsfaktoren, durch welche man eine Ertragssteigerung herbeiführen kann, mit von der Intelligenz des betreffenden Wirtschaftsleiters beeinflußt werden. – Wir haben es hier also wiederum mit einer Gleichung mit vielen Unbekannten zu tun, die darum so nicht gelöst werden kann. Und doch wird eine Lösung verlangt!

Der einzige Weg, der uns hier weiterführen würde, ist der folgende:

Wir bleiben zunächst bei der Phosphorsäuredüngung und müßten nun einen jeden Bauern, Landwirt und Siedler veranlassen, auf seinem Kartoffelschlage einen diesbezüglichen Versuch anzulegen. Es werden dazu neunmal je 4 Kartoffelreihen (bei 62,5 cm Abstand) von 10 m Länge abgesteckt und von diesen neun Versuchsteilstücken dann jeweils das zweite mit 1250 g Superphosphat abgedüngt, während man sonst noch einem jeden Teilstücke gleich hohe Gaben der anderen Nährstoffe, so 1250 g schwefelsaures Ammoniak und 800 g schwefelsaures Kali verabfolgt. Aus der Ertragssteigerung, die das mit Phosphorsäure gedüngte Teilstück gegen das ungedüngte aufweist, kann man, wenn man sie in Prozenten des Ertrages des ungedüngten Teilstückes berechnet, genau den Phosphorsäuregehalt des betreffenden Bodens feststellen. – Hier kommt es nun aber auf die absoluten Ertragssteigerungen an, die wir dadurch erhalten, daß wir das Mittel der Erträge der ungedüngten Teilstücke von dem Mittel der Erträge der gedüngten Teilstücke in Abzug bringen. Je höher diese absolute Ertragssteigerung in dz/ha an Kartoffeln ausfällt, um so eher sollte das betreffende Feld mit der Phosphorsäuredüngung versorgt werden. – Da wir diese absoluten Erträge aber hierzu vergleichen müssen, so müssen auch diese Versuche dazu ganz in gleicher Weise ausgeführt werden. Stellt sich dann z. B. eine recht hohe absolute

Ertragssteigerung ein, und ist dabei auch die relative Ertragssteigerung recht hoch, was ja ein Zeichen dafür war, daß der Boden an sich sehr phosphorsäurearm ist, dann wird man solchem Felde nicht nur zuallererst die Phosphorsäuredüngung geben, sondern man wird in solchem Falle auch zweckmäßig bereits höhere Gaben davon verabfolgen müssen. Jedenfalls werden hier bereits sämtliche Wachstumsfaktoren in ihrer Wirkung auf die Ertragssteigerung mit erfaßt.

Noch eine weitere Möglichkeit kann hier in Betracht gezogen werden: Es wird nur durch den Düngungsversuch festgestellt, wie groß der Phosphorsäuregehalt des betreffenden Bodens ist. Aus ihm kann man ermitteln, welche prozentuale Ertragssteigerung z. B. die Düngung von 2 dz/ha Superphosphat ergeben muß. Um hier nun die anderen Wachstumsfaktoren mit zu berücksichtigen, rechnet man jetzt diese prozentuale Ertragssteigerung auf absolute um, indem man hierzu die Durchschnittserträge heranzieht, welche der Landwirt in den letzten Jahren auf dem betreffenden Felde erzielte. Auch in diesen Durchschnittserträgen sind ja alle anderen Wachstumsfaktoren, und damit auch die Intelligenz des Wirtschaftsleiters, enthalten.

Immer, so oder so, wird man jetzt von unseren Bauern und Siedlern die Durchführung der einfachsten Düngungsversuche verlangen müssen, wenn man den vorhandenen Kunstdünger wirklich an der richtigen Stelle und mit bestem wirtschaftlichen Erfolge ausstreuen will. – Diese dem Landmanne damit zugemutete Mehrarbeit ist wahrlich nicht groß, wird aber ganz wesentlich zur Steigerung seiner Erträge beitragen; auch lernt er dabei selbst mehr beobachten und sinnt dann darüber nach, diese Beobachtungen in richtiger Weise für sich und seine Wirtschaft zu verwerten.

Um nun eine Vorstellung davon zu geben, welche Ertragssteigerungen wir in dz/ha durch die Düngung von nur 2 dz/ha Superphosphat zu erwarten haben, mögen kurz noch die folgenden Zahlen angegeben werden, die aus Feldversuchen errechnet wurden, welche vor dem Kriege von unseren großen Phosphatindustrien angestellt worden sind: Sie betrugen nach

1218 Roggenversuchen	2,7 dz/ha Körner (= 13 %)
963 Haferversuchen	3,1 dz/ha Körner (= 13 %)
501 Weizenversuchen	2,6 dz/ha Körner (= 10 %)
363 Gerstenversuchen	2,6 dz/ha Körner (= 11 %)
1642 Kartoffelversuchen	20 dz/ha Kartoffeln (=8,4 %)
600 Futterrübenversuchen	60 dz/ha Rüben (= 9,2 %)
238 Zuckerrübenversuchen	23 dz/ha Rüben (= 6,6 %)
1535 Wiesenheuversuchen	12,6 dz/ha Heu (= 20 %)
105 Kleeheuversuchen	10,6 dz/ha Heu (= 15 %).

Wenn man nun berücksichtigt, daß unsere Böden inzwischen noch wesentlich an Phosphorsäure verarmten, da sie jahrelang kaum damit gedüngt wurden, während ihnen alle Jahre Mengen davon in den Ernten entzogen wurden, so müssen dementsprechend die Ertragssteigerungen, die man heute mit der gleichen Düngung erzielen muß, auf den gleichen Feldern schon wesentlich höhere sein.

Was hier bislang für die Phosphorsäure als Wachstumsfaktor gesagt wurde, trifft nun in gleicher Weise auch für das Kali zu; nur daß von diesem stets die anderthalbfachen Mengen die gleichen Ertragssteigerungen ergeben. Auch dürften wir an Kali genügende Düngemittelmengen besitzen, so daß es hier nur darauf ankommt, den Boden auf seinen Kaligehalt durch einen Düngungsversuch zu untersuchen und dann das zu düngen, was noch an 330 kg/ha an Kali fehlt.

Von unserer Akademie der Wissenschaften wurde mir im Mai des vergangenen Jahres das Gut Paulinenaue übergeben, um dort ein „Forschungsinstitut zur Steigerung der Pflanzenerträge" auszubauen, was mir Dank unserer Akademie auch bereits teilweise wenigstens möglich war. Dort wollen wir zunächst alle Schläge, die Wiesen und die Weideflächen des Gutes durch derartige Düngungsversuche auf ihren Phosphorsäure- und Kaligehalt hin untersuchen, um zunächst erst einmal die durch diese beiden Wachstumsfaktoren erreichbaren Höchsterträge im nächsten Jahre durch eine zweckmäßige Düngung erreichen zu können und damit die erste Grundlage zur weiteren Ertragssteigerung zu schaffen.

Hinsichtlich des Wachstumsfaktors Stickstoff liegen nun die Verhältnisse ganz anders. Die Pflanzen benötigen von ihm größere Mengen, und fast ein jeder Boden ist arm daran. Andrerseits können wir den Boden nicht damit anreichern; denn einmal stehen uns dazu fast nur leichtlösliche Düngemittel zur Verfügung, von denen die Pflanzen größere Gaben nicht vertragen, und dann werden diese auch wiederum gerade infolge ihrer hohen Wasserlöslichkeit leicht aus dem Boden ausgewaschen. Man kann diesem Übelstande wohl teilweise begegnen, indem man die zugedachte Düngung während der Vegetationszeit in mehreren Teilgaben verabfolgt und sie dann möglichst durch Kunstregen im Boden zur Lösung und damit zur Wirksamkeit bringt.

Andrerseits besteht das Problem, den Stickstoff in einem Düngemittel derart zu binden, daß er erst ganz allmählich während der Vegetationszeit frei wird und so den Pflanzen ständig zur Verfügung steht. Und damit kommen wir nun auf die Humustheorie unseres Altmeisters Thaer zurück, nachdem wir die Mineraltheorie Liebigs eingehend behandelt haben.

Thaer hielt den Humus für den fruchtbarsten Bestandteil des Bodens. Man hat sich viel darum gestritten, was nun eigentlich am Humus so ertragssteigernd wirkt. Bekannt war es, daß Böden, die besser mit organischem Dünger versorgt worden waren und so, wie man sagt, „in alter Kultur standen“, höhere Erträge gaben und dabei auch einen etwas höheren Humusgehalt aufwiesen; doch dieser Humusgehalt ist meistens derart gering, daß seine Wirkung z. B. nicht auf die größere wasserhaltende Kraft der Humussubstanzen und damit auf eine Verbesserung des Wachstumsfaktors Wasser zurückzuführen sein kann. Humus ist dabei auch kein Pflanzennährstoff, wohl aber bietet er die Nährstoffgrundlage für die ganze Kleinlebewelt im Boden. Hier bewirkt er nicht nur die Gare und damit die Bodenlockerheit, die unseren Pflanzen so dringend not tut, sondern er ermöglicht auch das Gedeihen der den Stickstoff aus der Luft assimilierenden Bakterien, wie des Azotobacter crocooccus, der den Boden bei geeigneter Bodenbearbeitung und unter günstigen klimatischen Verhältnissen derart mit Stickstoff anzureichern vermag, daß eine weitere Düngung damit, wie das Staicu in Bukarest nachwies, keine weitere Ertragssteigerung mehr erbrachte. Liegt hierin nun der besondere pflanzenphysiologische Wert des Humus, oder darin, daß im Humus selbst sich auch stickstoffhaltige Substanzen befinden, die bei ihrer Zersetzung diesen Nährstoff für unsere Kulturpflanzen freigeben?

Damit kommen wir auf ein weiteres Problem zu sprechen, welches uns gleichfalls auf unserem Forschungsgut besonders beschäftigen wird, auf die Gewinnung und Einarbeitung der Gründüngung zur Gewinnung möglichst großer Stickstoffmengen für die nachfolgende Feldfrucht und auf die Herrichtung der Stalldünger zum gleichen Zwecke.

Hatten mir doch Vorversuche bereits vor Jahren gezeigt, daß die Erträge von Mais und Kartoffeln durch eine Düngung von 400 dz/ha Pferdemist nur um 55 % bzw. um 40 % gesteigert wurden, während eine Düngung von 400 dz/ha Schafdung die gleichen Erträge um 133 % bzw. um 110 % steigern konnte. Im letzteren Falle stellte sich dann auch im Verlaufe der ganzen Vegetationszeit ein wesentlich höherer Salpetersäuregehalt im Boden ein. Lag das nun daran, daß der Schafdung als „Tiefstalldünger" ganz besonders gut gepflegt und gehalten worden war, oder daran, daß im Schafdünger andere Lebewesen wirkten? – Das sind Fragen, die weiter bearbeitet werden müssen, um dann der Praxis weittragend zu helfen. – Daneben steht natürlich auch zur Erörterung, ob nicht z. B. Torfstreu, die man mit Kalkstickstoff zusammen vergären läßt, gleichfalls einen Stickstoffdünger abgibt, der allmählich während der Vegetationszeit den Pflanzen zur Verfügung steht. Das mag zum Aufzeigen des Humus- und damit auch des Stickstoffproblemes genügen.

Noch einen anderen Wachstumsfaktor können wir in Paulinenaue wesentlich fördern, d. i. der Wachstumsfaktor Wasser. Große Flächen stehen uns dazu zur Verfügung. Natürlich werden auch hier zunächst die Ertragssteigerungen, die man mit der gleichen Regenmenge erzielt, um so größer, je geringer zuvor der Wassergehalt des Bodens ist; dann richtet sich aber die richtige Wasserzufuhr nach der klimatischen Wasserbilanz, d. h. nach der Differenz von Niederschlags- zu Verdunstungsmengen. Im allgemeinen werden unsere Erträge um so höher sein, je nässer unser Boden ist, vorausgesetzt, daß dieses Wasser im Boden nicht stagniert und dabei sauer wird. – Und trotzdem wird man nicht zu früh im Jahre mit der Bewässerung einsetzen, damit zuerst zum Aufgange der Saaten der Wachstumsfaktor Wärme zu seinem Recht kommt, denn der nasse Boden erwärmt sich zu langsam. Dann dürfen wir den Regen nicht auf den trockenen Boden geben, sondern diesen zuvor anfeuchten mit Tauberegnern, damit er nicht verschlämmt und verkrustet, was wiederum den Pflanzen schädlich ist. Hat es hingegen zuvor schwach geregnet, dann dürfte eine Vollfüllung des Bodens mit Wasser ohne Schaden, d. h. ohne Zerstörung der Krümelstruktur, möglich sein; ebenso ist es auch dann möglich, wenn unsere Kulturpflanzen selbst den Boden bedecken und ihn so gegen stärkere Güsse abschirmen.

So greifen dann hier auch die klimatischen Wachstumsfaktoren mit ein, und bei der Beschaffung unseres Nahrungsbedarfes wird es mehr und mehr dazu kommen, daß man mit künstlicher Beregnung nachhilft und damit insonderheit die Ertragsschwankungen auszugleichen sucht, welche durch die wechselnde Jahreswitterung bei uns bedingt sind.

Alles greift so, wie man sieht, ineinander; denn unser Pflanzenertrag ist ja gleichzeitig von sämtlichen Wachstumsfaktoren abhängig, von denen ein jeder seine eigene Wirkung ausübt. Dabei muß hervorgehoben werden, daß keiner dieser Wachstumsfaktoren durch irgendeinen anderen zu ersetzen ist, sondern daß jeder seine spezielle Wirkung auf die Höhe des Ertrages ausübt. Durch einen jeden von ihnen, den wir zu steigern vermögen, steigern wir unsere Erträge ganz unabhängig von den anderen

Wachstumsfaktoren. Steigt so der Ertrag durch Verbesserung des Wachstumsfaktors Phosphorsäure um 20%, also von 100 auf 120, und ferner durch die eines zweiten Wachstumsfaktors, z. B. des Kalis, um weitere 15%, also von 120 auf 138, und durch die richtige Anwendung des Wachstumsfaktors Stickstoff um weitere 50%, also von 138 um 69 auf 207, so würde er durch die Verbesserung nur dieser drei Wachstumsfaktoren noch um über 100% steigen können, was meines Erachtens durchaus im Bereiche der Möglichkeit liegt. – Wir suchen aber jetzt nicht mehr nach dem Minimumfaktor Liebigs, sondern haben dafür zu sorgen, daß wir stets die ertragreichsten Kulturpflanzen anbauen, soweit das unsere Wirtschaft und unsere Fruchtfolge zuläßt. Wir haben dafür zu sorgen, daß wir nur erstklassiges Saatgut der besten Züchtung verwenden, ferner dafür, daß unser Boden durch die richtige Humusbehandlung in bester Kultur ist, daß er auf das Beste zur Saat hergerichtet und mit allen Nährstoffen in entsprechender Weise versorgt wird, daß die Ackerbestellung und die Aussaat erstklassig erfolgt, daß das Unkraut nicht hoch kommt und unsere Kulturpflanzen auch während der Vegetation richtig bearbeitet werden; können wir dann auch noch in Trokkenheitsperioden Kunstregen zu richtiger Zeit und in richtiger Verteilung und Menge geben, dann haben wir wohl von uns aus alles getan, was nach dem Wirkungsgesetze zur Steigerung unsrer Pflanzenerträge notwendig ist, und, wenn dann selbst mal der Wettergott ungnädig sein sollte, so werden trotzdem unsere Erträge nie so tief fallen, als wenn wir diese ganzen Vorarbeiten nicht geleistet hätten.

Vieles von alledem soll nun noch auf unserem Forschungsgute in Paulinenaue nachgewiesen werden; noch ist dort auch wirtschaftlich viel zu bessern; ich fing dort vor einem Jahre unter weit ungünstigeren Verhältnissen an, als ich diese in Kutschlau, auf unserem einstigen Familiengute, vor zehn Jahren vorfand; doch unsere Akademie tut für diese Arbeiten, was sie kann, und wenn auch die Baulichkeiten und Einrichtungen infolge der schwierigen Materialbeschaffung ganz wesentliche Verzögerungen erleiden mußten, so daß es mir manchmal zweifelhaft erschien, ob wir diese Vegetationszeit überhaupt noch für unsere Versuche ausnutzen könnten, so ist uns das doch noch, dank meiner wissenschaftlichen Mitarbeiter, einigermaßen möglich geworden. Jedenfalls bin ich unserer Akademie und damit auch unserem hohen Ministerium außerordentlich dankbar, daß sie mir die Wiederaufnahme meiner Arbeit und noch dazu unter so besonders günstigen Verhältnissen und in großzügiger Weise ermöglichte.

Nach Albrecht Thaer war ich der erste Landwirt, der die Ehre fand, in unsere altehrwürdige Akademie aufgenommen zu werden. Die Zeiten haben sich geändert. Man hat jetzt nach über hundert Jahren die Landwirtschaft als Wissenschaft erkannt und gewürdigt, und ich begrüße es besonders, daß damit jetzt auch eine Reihe weiterer Kollegen hier Platz fanden, die in einer eigenen Landwirtschaftlichen Klasse ihre Beratungen führen und unsere Wissenschaft weiter fördern werden, eine Wissenschaft, die sich jetzt auch über Forst- und Gartenwirtschaft mit erstreckt. Möchte das neue Säkulum unserer Akademie auch für unsere Landwirtschaftswissenschaft ein gesegnetes sein, zum Nutzen unseres Volkes, ja – der gesamten Menschheit! –

Zum Schluß darf ich nun aber wohl noch auf Eins ganz besonders hinweisen: Wir Wissenschaftler, und so auch die Landbauwissenschaft und die Landwirtschaft selbst, benötigen, wenn wir wirklich das leisten sollen, was das Volk, was die ganze Welt von uns erhofft und fordert, dringend unbedingte Ruhe für unsere Arbeit, die stetig fortschreiten muß und dann auch fortschreiten wird. – Jede Unterbrechung unserer Tätigkeit durch Kriegswirren kann heute schon alles, was wir bislang erreichen konnten, mit einem Schlage zunichte machen! – Möchte die Welt, möchten die Regierungen aller Völker es einsehen, daß nur der Frieden Hütten baut, daß nur in ihm wirklich produktive Arbeit geleistet werden kann. – Möchten die Völker deshalb den Weg zur gemeinsamen Arbeit finden, die allen hilft, und möchte es damit auch uns Deutschen wieder gegeben sein, in einem freien, ungeteilten Vaterlande zu leben!

Die „VORTRÄGE UND SCHRIFTEN“ wenden sich an die weiten Kreise derer, die an wissenschaftlicher Forschungsarbeit Anteil nehmen

Bisher erschienen:

Die Maßstäbe des Kosmos · *Von Prof. Dr. H. Kienle* · *30 Seiten* · *DM 1,50*

Über das Naturrecht · *Von Prof. Dr. H. Mitteis* · *48 Seiten* · *DM 2,75*

Ranke und Burckhardt · *Von Prof. Dr. F. Meinecke* · *36 Seiten* · *DM 2,50*

Pflanzenphysiologische Bodenkunde · *Von Prof. Dr. E. A. Mitscherlich* · *24 Seiten* · *DM 2,–*

Über physikalisch-chemische Modelle von Lebensvorgängen
Von Prof. Dr. K.-F. Bonhoeffer · *20 Seiten* · *DM 2,–*

Die Ausgestaltung der Organismen — ein chemisches Problem
Von Prof. Dr. K. Noack · *38 Seiten* · *DM 2,50*

Die Ertragsgesetze · *Von Prof. Dr. E. A. Mitscherlich* · *42 Seiten* · *DM 2,75*

Düngungsfragen
Über die genaue Ermittlung der notwendigen Düngungsgaben an Phosphorsäure und Kali und über das Problem der Stickstoffdüngung. Von Prof. Dr. E. A. Mitscherlich · *24 Seiten* · *DM 1,75*

Das Leitmotiv der geotektonischen Erdentwicklung
Von Prof. Dr. H. Stille · *28 Seiten* · *DM 2,50*

Minnesinger und Troubadours · *Von Prof. Dr. Th. Frings* · *60 Seiten* · *DM 3,–*

Wirkungsquantum und Naturbeschreibung · *Von Prof. Dr. F. Hund* · *20 Seiten* · *DM 2,50*

Umfang und Bedeutung der germanischen Siedlung in Nordgallien im 5. u. 6. Jahrhundert im Spiegel der Sprache und der Ortsnamen
Von Prof. Dr. W. v. Wartburg · *34 Seiten* · *DM 1,85*

Über die Fehler bei Ertragsversuchen · *Von Prof. Dr. E. A. Mitscherlich* · *26 Seiten* · *DM 1,65*

Die Baukunst in Goethes Werk · *Von Prof. Dr. C. Weickert* · *28 Seiten* · *DM 1,50*

Die Wiederbelebung der Internationalen Papyrologie
Von Prof. Dr. E. J. Knudtzon · *20 Seiten* · *DM 1,50*

Die Begründung der orientalischen Kommission von 1912 *(Aus der Geschichte der Akademie in den letzten fünfzig Jahren.) Von Prof. Dr. H. Grapow* · *30 Seiten* · *DM 2,25*

Die Entstehung der Kohle · *Von Prof. Dr. W. Gothan* · *52 Seiten* · *3 Tafeln 15 Abb.* · *DM 3,-*

Die Geschichte der Paläobotanik und ihrer Ausweitungen in Berlin
Von Prof. Dr. Walter Gothan · *20 Seiten* · *DM 1,75*

Erkenntnisse bei der Pflanzendüngung
Ein Festvortrag zur Feier des 250jährigen Bestehens der Deutschen Akademie der Wissenschaften zu Berlin · *Von Prof. Dr. E. A. Mitscherlich* · *(Vorliegendes Heft)*

Bestellungen an eine Buchhandlung erbeten

A K A D E M I E - V E R L A G · B E R L I N N W 7

FSC
www.fsc.org
MIX
Papier | Fördert
gute Waldnutzung
FSC® C083411

Zeitfracht Medien GmbH
Ferdinand-Jühlke-Straße 7
99095 Erfurt, Deutschland
produktsicherheit@kolibri360.de